FORCE DE TRACTION

DES

CHARRUES,

PAR T. J. THACKERAY.

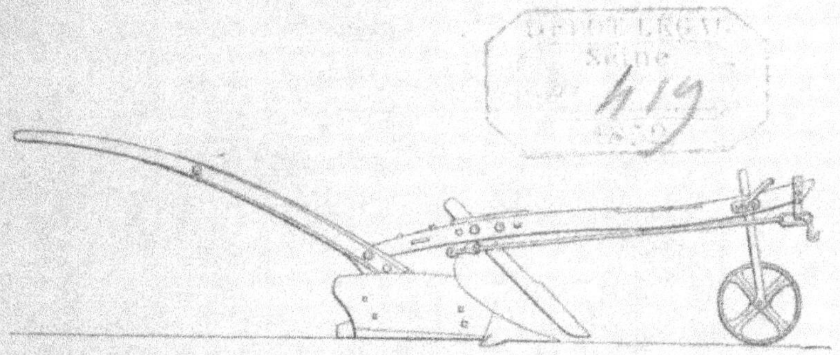

PARIS,

IMPRIMERIE ET LIBRAIRIE D'AGRICULTURE ET D'HORTICULTURE
DE Mᵐᵉ Vᵉ BOUCHARD-HUZARD,
5, RUE DE L'ÉPERON.

1852

« *Quel que soit leur mode de construction ou leur forme,*
« *leur efficacité dépendra de l'agencement parfait de chaque*
« *partie, pour que le tout fonctionne bien.* »

FORCE DE TRACTION

DES CHARRUES,

PAR M. T. J. THACKERAY.

Les annales de l'agriculture font foi que les cultivateurs d'Espagne, de Portugal et des campagnes de l'Orient labourèrent longtemps avec des instruments sans puissance, qui effleuraient vainement la terre, bien loin de la fouiller et de la féconder; et cependant ce travail improductif n'en était pas moins pénible pour l'homme et les animaux. On faisait manœuvrer des charrues imparfaites à l'aide de chevaux, de vaches, d'ânes et même de chèvres. Quant à la charrue russe, elle était tout simplement la réunion informe de plusieurs branches de sapin grossièrement reliées ensemble, et qui déchiraient irrégulièrement le sein de la terre. Comment en eût-il été autrement? A ces époques primitives, chacun, de par la loi, devait fabriquer et fabriquait sa charrue comme il pouvait, c'est-à-dire aussi mal que possible. Avec des instruments aussi imparfaits, le travail de l'homme et la coopération des animaux devaient être naturellement doublés.

Les siècles ont marché, de grands perfectionnements ont eu lieu, et aujourd'hui, au triple point de vue de la science, de l'économie et de l'humanité, le dynamomètre, qui permet au fermier de choisir en connaissance de cause la meilleure charrue pour la nature de son sol, est assurément une admirable et utile invention.

« Faire le travail de la meilleure manière et dans le meilleur temps, » tel doit toujours être le but du cultivateur, qui peut aujourd'hui se servir d'excellents instruments aratoires. Il y a loin, en effet, des branches du sapin moscovite, déchirant irrégulièrement et incomplétement la terre, aux charrues perfectionnées, en Angleterre, par MM. Ransome, Howard, Barrett, et d'autres encore.

Ce qui constitue la supériorité réelle de ces charrues, c'est la construction de leur age en fer, qui empêche la vibration latérale.

Tout le monde sait que la vibration ou le tremblement ne fait qu'user la force sans aucun profit; la vibration de l'age de la charrue, quoique insensible à l'œil, rend plus difficile la direction de l'instrument pendant que son travail est moins régulier. Ce serait une grande erreur de supposer la solidité de la construction de l'instrument aratoire incompatible avec sa légèreté; il est démontré, au contraire, et évident même, que la diminution du poids d'un instrument, lorsqu'on lui assure autrement l'unité d'action, est nécessairement accompagnée d'une économie de puissance ou de force, et, ce qui revient au même, d'une diminution de résistance : de là un travail meilleur et plus profitable.

Notre revue serait incomplète, si nous ne tracions pas ici un parallèle tout à fait impartial, et aussi net que possible, entre les mérites respectifs de la charrue à avant-train, de la charrue à une roue et de la charrue araire ou sans roue.

Figure 1.

La charrue à avant-train (fig. 1) doit son nom à sa forme de voiture avec des roues.

Les lignes tracées du cadre *d* au point *c* représentent la figure de la charrue araire. Ce que l'on veut prouver par là, c'est que la ligne de traction sera la même dans l'un et l'autre cas, et que la ligne *a b* devra être coupée par la tringle de régulateur de la charrue.

L'age de la charrue à avant-train est élevé, et il repose sur une barre de bois dite *le coussin de traverse*; les montants *e* et *f* et l'arrière-train étant soutenus par les roues, la chaîne de trait *g* colette l'age à *h*; elle passe aisément des entailles en crans à *h* à une à *i*. — La petite chaîne *k* sert à maintenir droits les montants : *l*, le coussin, est élevé ou abaissé, suivant que l'on veut que la charrue creuse plus superficiellement ou plus profondément.

La charrue se rapproche ou s'éloigne plus de la terre, c'est-à-dire à droite ou à gauche, en changeant la chaîne de cran à *g*, soit à gauche, soit à droite, ou bien à *m* : dans le premier cas, il y a action immédiate sur le corps de la charrue; dans le deuxième, l'action s'exerce sur la voiture et les roues. On obtient les changements correspondants à l'aide de chevilles dans le coussin.

Il semblerait que le point de traction, dans cette charrue, devrait être le même que celui de la charrue araire ou sans roues; mais dans la pratique on adopte une légère déviation, attendu que l'inégalité de la terre rend désirable d'opérer une légère pression sur les roues, afin d'assurer une profondeur uniforme de raie : on arrive à ce résultat en faisant que le point de traction soit légèrement au-dessus de la partie, qu'il couperait sur la ligne directe.

Il est évident que toute remarque s'appliquant à une charrue, telle que la fouille ou excavation plus ou moins profonde du sol par le soc, la modification de la largeur de la roue, en agrandissant ou contractant l'étendue dans laquelle fonctionne le versoir, s'applique également à l'autre.

En conséquence, la différence dans la construction de la charrue à avant-train et de la charrue araire consiste dans l'addition de la voiture et des roues, et des parties en rapport direct avec elle.

En se reportant à la coupe de la charrue à roue et à la description de ses différentes parties, on voit comment chaque partie de l'appareil des roues fonctionne mécaniquement, mais on pourra remarquer que, sans tenir compte d'aucune modification dans le creusement du soc, qui s'appliquerait également à la charrue à avant-train et à la charrue araire, la manière de faire aller la charrue à roue à plus ou moins de profondeur peut avoir lieu en abaissant ou en élevant la tête de chaîne k; mais cette chaîne ayant principalement pour objet de soutenir l'avant-train dans une position droite, on n'a recours à ce mode d'altération de la profondeur de la charrue que lorsque des changements sont brusquement demandés.

La chaîne de traction attachée à une bride à cran qui tourne autour de l'age de la charrue permet d'obtenir le changement de différents points de traction, dans le but de fixer la chaîne de traction au point où la charrue se balance le mieux : si elle est placée trop en avant, la charrue inclinera beaucoup vers le sol au soc, et elle s'élèvera à l'arrière-train ; si elle est placée trop en arrière, ce sera le contraire qui arrivera. C'est le laboureur qui, par ses essais et en faisant fonctionner l'instrument, découvre le point de traction et règle la chaîne en conséquence.

S'il en faut croire les partisans de la charrue à avant-train, elle labourerait plus facilement que la charrue araire sans roues.

Suivant eux encore, le labourage peut être fait avec plus de précision en ce qui touche la profondeur et la largeur, les roues servant de jauges; elle laboure plus superficiellement que la charrue sans roues.

La charrue à avant-train, d'une structure plus compliquée que la charrue araire, exige de la part du charretier plus de *jugement* que d'*habileté*, attendu que la profondeur du labourage ne dépend pas seulement du principe de l'équilibre, mais elle dépend encore de l'agencement des roues et de l'ajustement des chaînes de trait qui doivent agir de concert.

Tout le monde sait très-bien qu'il peut arriver des cas où les forces, si puissantes lorsqu'elles se meuvent entièrement de concert, viennent, par la négligence ou l'ignorance du charretier, à fonctionner en opposition les unes contre les autres; alors la *résistance* au tirage se trouve considérablement accrue. Tout ce qui tend à cette distraction de forces est évidemment un grand inconvénient, d'autant plus à craindre que la charrue travaille toujours fortement, nonobstant les tiraillements dont nous venons de parler, qui contribuent beaucoup à fatiguer les chevaux.

Une faute que l'on commet trop souvent dans la construction de la charrue consiste à donner une largeur excessive et inutile à sa partie inférieure. Qu'en résulte-t-il? que, sans le vouloir, on augmente ainsi la résistance offerte par le sol à l'instrument, ce qui est encore un surcroît de fatigue pour les chevaux.

Pour que la charrue fonctionne bien, il est essentiel qu'elle creuse la terre avec un mouvement ferme et d'aplomb; quiconque s'est occupé sérieusement de cette construction sait très-bien que ce n'est pas une de ses moindres difficultés que de savoir former et combiner toutes ses parties de manière à assurer cette fermeté de mouvement, cet aplomb si désirable. On ne saurait trop le répéter, on doit s'attacher surtout, dans la construction de la charrue, à combiner et ajuster toutes ses parties de manière que son mouvement dans la terre soit ferme et sûr, sans dévier de sa véritable ligne d'action, l'inconvénient que l'on doit chercher le plus à prévenir consistant en cette sorte de dérayement que nous avons signalé.

D'après la structure compliquée de la charrue et la direction oblique dans laquelle les circonstances obligent à appliquer la traction à l'instrument, quelques erreurs se sont accréditées au sujet de la véritable nature et de la direction dans laquelle la traction peut être appliquée. On a dit que si une corde était attachée à la pointe du soc, et la charrue tirée en avant, de niveau avec le fond de la raie, elle baisserait infailliblement à la pointe.

Dans ce cas, il en résulterait que le centre de la résistance de la charrue dans la raie serait, en quelque endroit, au-dessous du niveau du cep, ce qui est impossible. De même que le centre de gravité de tout corps suspendu d'un point à la surface de ce corps se trouvera toujours à la continuation de la ligne de suspension, en supposant que ce soit une corde flexible ; de même le centre de résistance de la charrue se trouvera toujours dans la direction de la ligne de traction. Si avec une ligne de traction horizontale, à partir de la pointe du soc, il se trouve que la pointe du soc a de la tendance à s'enfoncer plus profondément dans le sol, ce sera une preuve évidente que la charrue se plie à la règle générale, et que le centre de résistance est au-dessus de la ligne du cep. La fausseté de cette conclusion est si palpable, qu'elle ne vaut pas la peine d'être réfutée par la démonstration, d'autant plus que dans la pratique elle ne peut être d'aucune utilité. Il était bon, cependant, d'en parler, attendu qu'elle paraît avoir aidé à jeter du mystère sur le mode d'application de la *ligne* ou de l'*angle de traction*, problème assez simple en lui-même.

Le raisonnement jusqu'ici adopté dans cette branche de la théorie de la charrue paraît reposer sur ces deux points : la *hauteur*, terme moyen de l'épaule d'un cheval ou le point de son collier auquel est attaché le joug, et la *longueur* des chaînes de trait qui lui donnent toute liberté de marcher. Il arrive malheureusement que l'angle d'élévation ainsi produit traverse le plan du collier reposant sur les épaules du cheval lorsque la traction a lieu presque à angles droits. Nous nous proposons de démontrer ici que (laissant de côté quelques difficultés pratiques) la charrue peut être tirée à tout angle, à partir de l'angle horizontal jusqu'à près du 90ᵉ degré, et qu'il faut d'autant moins de force pour la traction que la direction de la ligne devrait se rapprocher davantage de la ligne horizontale. Il faudrait, en tous cas, que la pointe de l'age ou plutôt le crochet d'attelage fût exactement en ligne droite, depuis le centre de la résistance jusqu'au point où la force motrice serait employée. Si cette force pouvait être employée dans la direction horizontale, la charrue serait alors tirée par le minimum de force, mais c'est chose impraticable, attendu que la ligne de traction, dans ce cas, traverserait la terre solide de la raie qui doit être levée; mais on peut tirer la charrue à un angle de 12 degrés, et, ainsi que nous le ferons voir, la force motrice nécessaire à cet angle serait de 5,222 grammes moindre que pour la traction à l'angle de 20 degrés. On peut dire que c'est là la moyenne de la traction ordinaire de la charrue. Une charrue tirée au bas angle de 12 degrés aurait son age (en le supposant de grandeur ordinaire) tellement bas, que le crochet d'attelage ne serait que de 250 millimètres environ au-dessus de la ligne de base. Ce n'est pas une hauteur impraticable, quoiqu'il soit besoin alors d'avoir les traits d'une longueur incommode ; d'après le même principe, l'angle de traction pourrait être élevé au 60ᵉ ou 70ᵉ degré, si une puissance motrice pouvait être employée à angles aussi élevés. Ici, comme dans l'autre cas, l'age et le crochet d'attelage tomberaient dans la ligne de traction comme émanant du centre de résistance.

Toute la charrue, dans cette hypothèse, exigerait une augmentation de poids presque indéfinie, et la force motrice nécessaire pour tirer la charrue à l'angle de 60 degrés serait presque deux fois celle voulue dans la direction horizontale ou **1 16/18** fois celle actuelle, sans compter le supplément que pourrait exiger l'accroissement du poids. On peut conclure de ce qui précède que c'est chose impraticable de tirer la charrue à un angle plus élevé que l'angle ordinaire, et, dans le cas où cela se pourrait, ce serait très-incommode, à cause du désavantage résultant de l'accroissement de force devenu nécessaire, à moins de supposer l'emploi de la vapeur ou de toute autre puissance inanimée. Il ne serait pas très-opportun d'adopter un angle plus bas, exigeant une plus grande longueur de chaînes de trait, fort incommode, et sur le tirage de deux chevaux on n'obtiendrait que l'économie d'une force d'environ **2,984** grammes. Il faut avoir présent à l'esprit qu'en tous cas il y a quelque épargne de travail pour les chevaux lorsqu'on les laisse tirer par une chaîne plus longue, pourvu que le crochet d'attelage de la charrue soit amené dans la ligne de traction, et que les chaînes de trait ne soient pas assez lourdes pour produire une courbure sensible ; en d'autres termes, pour assurer le changement de l'angle à l'épaule du cheval, selon l'accroissement de longueur de la chaîne de trait.

Figure 2.

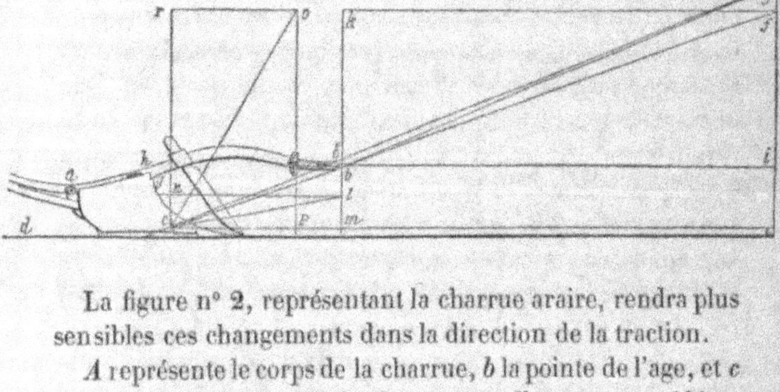

La figure n° **2**, représentant la charrue araire, rendra plus sensibles ces changements dans la direction de la traction.

A représente le corps de la charrue, *b* la pointe de l'age, et *c* le centre de résistance de la charrue que l'on peut considérer comme à une hauteur de 50 millimètres au-dessus du plan du sep *d e*, quoique ceci puisse varier quelque peu. La longueur moyenne des chaînes de trait étant d'environ 3 mètres 60 millimètres, y compris les barres de traction, les crocs, et tout ce qui est entre le crochet d'attelage de la charrue et les épaules du cheval, laissez cette distance dans la direction *b f*, et la hauteur moyenne des épaules du cheval où les chaînes sont attachées étant de 1 mètre 270 millimètres environ, fixez le point *f* à cette hauteur au-dessus de la ligne de base *d e*. Tirez la ligne *fc*, qui est la direction de la ligne de traction agissant sur le centre de résistance *c*; si la charrue est bien disposée elle coïncidera avec le crochet d'attelage de l'age, *e c f* étr l'angle de traction et équivalant au 20ᵉ degré. On ver. facilement que, avec les mêmes chevaux et la même longueur des traits, l'angle *e c f* est invariable. Si la charrue tend à enfoncer à la pointe du soc, cela indique que le crochet d'attelage *b* est *trop élevé* dans la bride; en abaissant le crochet à l'aide d'un ou plusieurs trous, la charrue marchera sur son sep.

Au contraire, si la charrue a une tendance à relever à la pointe du soc, cela indique que *b* est *trop bas*, et la rectification se fait en l'élevant d'un ou plusieurs trous dans la bride. Supposez qu'une paire de chevaux plus grands soit attelée à la charrue, les chaînes de traction, la profondeur du sillon et du sol, et conséquemment le point de résistance *c*, demeurent les mêmes; nous aurons alors la pointe *f* élevée par supposition en *f'*; en tirant la ligne *f' c*, nous avons *e c f'* pour angle de traction, c'est-à-dire le 22ᵉ degré. Dans ce nouvel arrangement, le crochet d'attelage est trop au-dessous de la ligne de traction *f' c*; si les chaînes de trait étaient appliquées à *b* dans la direction de *f' b*, la charrue tendrait à relever à la pointe du soc, en vertu de cette loi des forces qui oblige la ligne de traction de coïncider avec la ligne qui traverse le centre de résistance; alors le crochet d'attelage *b* s'élèverait à *b'*, ce qui relèverait la pointe du soc hors de sa propre direction. Pour rectifier cela, il faut élever le crochet d'attelage dans la bride dans une proportion égale à *b b'*, le faisant coïncider avec la vraie ligne de traction qui ferait de nouveau marcher la charrue sur son sep.

Si l'on considère les forces relatives requises pour triompher de la résistance de la charrue avec traction à divers angles, on doit examiner tout d'abord la nature des formes des parties par lesquelles la force motrice est amenée à exercer son influence ou action sur la charrue. Nous avons démontré que la tendance de la force motrice agit en ligne directe de l'épaule de l'animal de trait au centre de résistance. Reportons-nous à la figure 2 : sans des considérations de facilité, une barre droite ou age, fixé dans la direction $c\,b$ et fortement attaché au corps de la charrue c et g, vaudrait peut-être mieux pour la traction que l'age actuel. Mais la traction n'étant pas le but qu'on se propose, mais seulement le moyen d'atteindre ce but, l'un est subordonné à l'autre. Comme l'age placé dans la direction $c\,b$ empêcherait de fonctionner la charrue, nous sommes contraint de recourir à une autre action indirecte pour atteindre le but désiré. Cette action indirecte s'obtiendrait par le moyen d'un système rigoureux de structure angulaire, composé de l'age et du corps de la charrue, ou des parties comprises entre les points $b\,h\,c$, l'age étant assez adhérent au corps $a\,h$ pour former une masse compacte.

L'effet de la force motrice appliquée à ce système rigoureux des parties au point b, et dans la direction $b\,f$, produit les mêmes résultats que si c et b étaient reliés avec force par une barre dans la position de la ligne $c\,b$, ou comme si cette barre seule servait, ainsi que dans l'hypothèse ci-dessus, et à l'exclusion de l'age $b\,h$.

Passons maintenant à la mesure relative des effets de l'action oblique de la charrue.

On sait que la force de traction nécessaire pour mettre en mouvement la charrue, exercée dans la direction $b\,f$, peut être calculée à la moyenne d'environ 125,328 grammes. Si l'on analyse cette force à l'aide du parallélogramme de forces, si l'on suppose que la ligne $b\,f$ représente environ

125,328 grammes pour force motrice, et si l'on complète le parallélogramme $b\,i\,f\,k$, on a la force b tenue en équilibre par les deux forces $i\,b$ et $k\,b$, la première agissant dans la direction *horizontale* pour tirer la charrue en avant, et la deuxième agissant *verticalement* pour empêcher la pointe du soc de s'enfoncer, ce qui arriverait si une force horizontale seule était appliquée à la pointe de l'age. La relation de ces forces $i\,b$ et $k\,b$ avec la force oblique est comme la longueur des lignes $i\,b$ et $k\,b$ est à la ligne $b\,f$; ou la ligne $i\,b$ représentera environ **120,750** grammes, tandis que la force oblique est d'environ **125,328** grammes, et la force $k\,b$ d'environ **35,625** grammes. Cette dernière force est représentée comme soulevant verticalement l'age par suspension. Mais le même résultat aurait lieu, si l'age était soutenu par une *roue* sous le point b. La roue supporterait l'age avec la même force que celle par laquelle on la croit suspendue, savoir environ **35,625** grammes.

Pour développer l'hypothèse, appliquons la traction horizontale du point c. La charrue n'ayant pas alors de tendance à baisser ou à relever, la force $k\,b$ disparaît, ne laissant que la force horizontale $i\,b$; alors, s'il était possible d'appliquer la traction dans une direction horizontale, à partir du point de résistance, la résistance de la charrue serait d'environ **120,750** grammes, au lieu de **125,328** grammes.

Nous avons démontré que si la charrue est tirée dans la direction ordinaire de traction $b\,f$, où la force oblique de propulsion s'exerce seule, ou avec deux forces antagonistes $b\,i$ dans la direction horizontale, et la force de support $b\,k$ dans la direction verticale, nous trouvons que, dans ce dernier cas, la différence en faveur de la force motrice n'est que de **1/24** de la résistance ordinaire; mais la force de support est égale à **2/3**, tandis qu'aucune de ces variations n'a produit de changement dans la résistance absolue de la charrue.

La force d'impulsion est, théoriquement, moindre dans le dernier cas; mais la roue ayant à porter une charge d'environ **35,625** grammes, nous avons à examiner l'effet de cette charge sur une petite roue provenant de la friction et de la résistance qu'elle rencontrera en plongeant plus ou moins dans le sol.

L'expérience a démontré que la différence de force requise pour tirer une roue de 270 millimètres environ de diamètre, chargée comme nous venons de le dire, et sans la charge, sur un sol assez ferme, équivaut à environ 8,206 grammes, quantité excédant une fois et demie l'économie qui serait résultée de l'adoption de la traction horizontale supposée avec une roue. Après avoir trouvé la somme de traction aux deux extrémités d'une échelle, l'une, qui est la traction oblique d'un usage ordinaire, avec l'angle au 20ᵉ degré, l'autre déduite de celle-ci à l'aide des principes établis des forces obliques, et cette dernière ne donne qu'une économie de 1/24 de la force motrice, tandis qu'elle éprouve une résistance additionnelle provenant du support ou de la roue, il s'ensuit nécessairement qu'à tous les angles de traction intermédiaires ou à tout angle quelconque, là où le principe du parallélogramme des forces trouve sa place (et il trouve sa place dans tous les cas où des roues *donnant un support* sont appliquées à la charrue sous l'age), il doit y avoir nécessairement *augmentation de la somme de résistance à la force motrice.*

Figure 3.

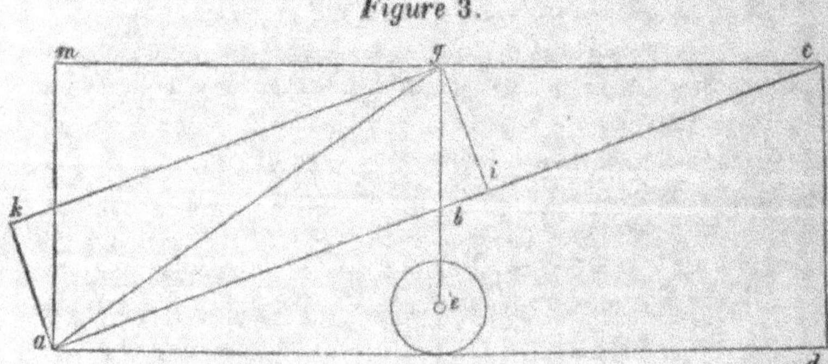

Le diagramme *figure* 3 rendra encore plus évident ce point important. Soient *a* le point de résistance du corps d'une charrue, *b* la pointe de l'age, *c* la position de l'épaule du cheval, et *a d* la ligne horizontale, alors *c a d* sera l'angle de traction égal au 20ᵉ degré. Supposons que le cercle *e* représente une roue placée sous l'age, soutenue par une tige ou crémaillère représentée ici par la ligne *e b*, dans cette position le point de l'age, qui est aussi le point de traction, est dans la ligne de traction. La roue ne porte pas de charge, elle est simplement à sa place, elle n'a pas d'effet sur la traction; en conséquence, la force motrice continue d'être d'environ 125,328 grammes. Supposons que la pointe de l'age soit élevée à *g*, de sorte que la ligne de traction *g e* puisse être horizontale. La ligne de traction étant hors de la ligne primitive *a b c* pour prendre celle de *a g e*, *g* étant appuyé sur la tige ou crémaillère *e g* de la roue, tirez *g i* perpendiculaire à *a c*, et complétez le parallélogramme *a i g k*, le côté *a i* représentera toujours la force motrice primitive d'environ 125,328 grammes; mais, par le changement de direction de la ligne de traction, la force nécessaire sera représentée par la diagonale *a g* du parallélogramme équivalant à environ 130,923 grammes, et *g c* est une continuation de cette force dans une direction horizontale. La traction est, dès lors, accrue d'environ 5,595 grammes. Complétez le parallélogramme *a l g m*, la diagonale *a g* (dernière ligne de traction étant trouvée) équivalant à environ 130,923 grammes, le côté *l g* du parallélogramme représentera la pression verticale de l'age sur la roue *e*, équivalant à environ 74,600 gr., qui, d'après les expériences faites, peut être évaluée à environ 14,920 grammes de surcroît de résistance, ce qui fait que la résistance intégrale à la force motrice est d'environ 145,843 grammes. L'augmentation intégrale provenant de l'introduction d'une roue dans cette position est de 20,515 gr. Ayant ici établi un maximum (par hypothèse extrême, sans doute), à l'angle ordinaire du 20ᵉ degré comme minimum, nous pouvons annoncer qu'à tout angle intermédiaire entre *i a b* et *l a g* la résistance ne pourra jamais être réduite au minimum d'environ 125,328 grammes. Il résulte de là, comme corollaire, que les *roues placées sous l'age* ne peuvent jamais amoindrir la résistance de la charrue ; au contraire, elles doivent, *dans tous les cas*, augmenter la résistance à la force motrice, et cela plus ou moins, suivant le degré de pression exercé *sur la roue*, proportionnellement à la perpendiculaire de l'angle dans le point *a g* de la ligne de traction.

Un fait qui ne résulte pas seulement de tous les détails techniques que nous venons de publier, mais qui est encore appuyé par de nombreuses expériences, c'est que la charrue sans roue rencontre moins de résistance dans son travail que la charrue à avant-train. On a fait maintes fois fonctionner une charrue avec et sans roues, et il a été constaté que l'adjonction de la roue ne fait qu'accroître la résistance. Les avantages de la charrue araire bien constatés sont ceux-ci :

1° On peut s'en servir à une profondeur donnée, c'est-à-dire plus ou moins profondément, par le simple changement de la tringle du régulateur au point de traction, ou en augmentant ou diminuant la distance à laquelle est employée la force des chevaux.

2° Le cultivateur peut aussi régler la profondeur du labour en élevant ou abaissant les manches.

3° La construction est plus simple que celle de la charrue à roues, et moins dispendieuse quand il s'agit de l'établir.

4° Un charretier habile peut creuser la raie et le sillon à une profondeur presque uniforme ; il peut labourer toute espèce de terrain en tout temps, bien entendu lorsque le travail est possible.

Cette charrue exige plus d'*habileté* que de *jugement* de la part de celui qui l'emploie ; la pratique seule peut rendre cet emploi parfait. Le cultivateur, devenu une fois maître de son instrument, peut creuser la raie et les sillons, et jauger son travail avec une précision presque mathématique.

La charrue à avant-train, au contraire, à moins qu'on ne lui imprime une autre impulsion quand on arrive aux inégalités du terrain, laisse la partie inférieure sans être labourée, parce que les roues, en s'élevant sur le sillon d'en face, doivent, en certains cas, faire sortir la charrue du sol, ce que l'on pourrait appeler un *dérayement* ou écart de la *raie*.

Il y a, de plus, une grande déperdition de temps dans les fréquents ajustements des points de traction, qui deviennent souvent autant de forces différentes se neutralisant et se contrariant. Aussi n'hésitons-nous pas à proclamer, comme l'expression d'une vérité reposant sur de nombreuses preuves, que les roues ne servent pas à réduire la résistance éprouvée par la charrue, en quelque lieu qu'elles soient placées ; souvent même il y a chance que leur adjonction ne soit cause d'un surcroît de résistance. A la vérité, l'emploi des roues peut, jusqu'à un certain point, dans des circonstances données, exiger de la part du laboureur moins d'*habileté* et de *dextérité* qu'il ne lui en faut pour la charrue araire ; mais ce peut être toujours une question de savoir si, même en présence de cet avantage, l'emploi de la charrue à avant-train doit être recommandé. Si l'on considère attentivement la complication de la construction de la charrue à avant-train, l'élévation comparative de son prix, la propension des roues à s'embarrasser et à se contrarier par un temps humide, l'impossibilité d'en faire usage dans un terrain inégal, et si l'on balance ces inconvénients réels avec les avantages démontrés de la charrue sans roues, on incline naturellement à proclamer cette dernière préférable sous tous les rapports.

Extrait du *Registre du Cultivateur* pour l'année 1852.

OUVRAGES DE M. THACKERAY

QUI SE TROUVENT A LA MÊME LIBRAIRIE.

REGISTRE DU CULTIVATEUR, ou livre complet de tous ses comptes pour chaque année, suivi d'un calendrier du fermier ou indication des travaux à effectuer mois par mois. 1852, troisième année, 1 vol. in-folio réglé. 5 fr.

ASSAINISSEMENT DES TERRES par le drainage. In-8°, deuxième édition. 1 fr.

PHILOSOPHIE ET ART DU DRAINAGE. In-8°. 2 fr. 50 c.

FUMIER DE BASSE-COUR et labourage profond. In-8°. 2 fr.

HISTOIRE ET PROGRÈS de la Société nationale agricole d'Angleterre. In-8°. 50 c.

Machine à faire les tuyaux pour le drainage.

Charrue à un cheval ou à deux chevaux.

Semoir à bras pour céréales et graminées.

Nouveau four économique à briques pour la cuisson de tuyaux.